The Master Key System

世界上最神奇的24堂课

Charles Haanel

[美] 查尔斯·哈尼尔 著

李依臻 译

陕西新华出版
太白文艺出版社·西安

果麦文化 出品

编者前言

《世界上最神奇的 24 堂课》由 19 世纪末至 20 世纪初白手起家的美国密歇根州富豪查尔斯·哈尼尔所写。全书用 24 堂课来激发人们的潜意识，帮助人们唤醒内在世界的强大力量，从而收获财富、健康和爱。财富就是力量的产物，财富只有被赋予能量时，才有价值。力量的秘诀，来自服务他人；帮助别人获取价值，自己才有价值。力量的保持，需要持之以恒地对身心和谐的维护，两者相互促进。我们精选了这 24 堂课中的精彩语录，相信您在闲暇时、疲惫时、困顿时，翻开其中的任何一页，都能获得动力与慰藉。

第一课

内在世界与外在世界

01

我们能"做"什么依托于我们"是"什么,我们能"做"到什么程度依托于我们"是"什么水平,而我们"是"什么水平和我们有什么样的"想法"有关。

02

内在世界的和谐是健康的基础,也是获得一切功名、权力与造诣的必要条件。内在世界是一个真实的世界。在这个世界里,人们拥有了勇气、希望、热情、信任与信念,并从此获得了洞察未来的智慧和实现未来的技能。

03

假如我们的头脑能正确思考，体悟真理；假如神经系统传递给身体各个部分的信息是建设性的，我们就会获得愉悦、和谐的感知。这将为我们的身体注入力量、活力和其他有益的能量。但同样的，客观意识也让苦恼、疾病、贫乏、困窘等一系列混乱的、不和谐的因素进入我们的生活，它们会对我们施加有害的能量。

04

集中在你大脑中的意识与集中在他人大脑中的意识是一脉相承的。每一个想法都是因,每一种现实都是果。所以,人要学会管理自己的思想,去尝试创造理想的客观条件。

05

一切力量都源于内心，且在你的掌控之下。但运用力量必须掌握特定的知识，并主动实践特定的法则。大多数人生活在外在世界中，很少有人能探求内在世界，然而正是内在世界影响着我们面对外在世界时的一举一动。而且，由于内在世界能激发人的创造性，你在外在世界中发现的很多事物，都是内在世界引发的。

06

当你领悟到外在世界与内在世界的关系时，你就能够获得力量。人通过探求内在世界所汲取的力量，可以成为影响外在世界的精神源泉。大多数人妄想仅通过改变外在世界来改变结果，他们不明白，这样做只不过是把一种形式的苦果变成了另一种形式的苦果。要消除苦难，就必须消除其因，而这个因存在于内在世界中。

07

一切成长都源于内在，这在自然界中处处可见。所有植物、动物（包括人类）都是这一伟大法则的生动例证，但古今中外的人们都会犯下同样的错误，即忽视成长的内发性。

如果把宇宙中的资源比作一汪泉水，内在世界引发泉水的流动，外在世界则是泉水溢出的溪流。我们要想从这汪泉水中获取资源，那么了解泉源就很有必要。

第二课

潜意识的力量

01

心智的运作源于两条平行的精神行为模式，一种是显意识的，另一种是潜意识的。戴维森教授说过："一个人若想用显意识的光芒照亮整个精神行为的范畴，无异于想用一支蜡烛照亮宇宙。"潜意识中的逻辑过程是以确定性、规律性的方式运行的。我们的心智注定要为认知提供最重要的基础，然而我们却不了解它是如何运作的。

02

潜意识就像一位仁慈的陌生人，为我们的利益而辛苦耕耘，只把成熟的果实倾倒在我们脚下。因此，对思维过程的研究表明，潜意识是上演最重要的心理现象的舞台。潜意识的价值是巨大的，它启发我们，警示我们，从记忆的宝库中提取出姓名、事件和场景给我们。它指导我们确立思想和品位，帮我们完成复杂的任务，而这些复杂的任务是显意识无法处理的，哪怕它有这样的能力。

03

我们可以随心所欲地挪动双脚,举起手臂,用眼睛去看,用耳朵去听。然而,我们不能让自己的心停止跳动,不能让自己的血液停止流动,不能让自己的身体停止变化,不能让神经系统和肌肉组织停止发展,不能让骨骼停止发育,也不能对许多其他的生理机能横加干涉。

04

比较一下这两组行为：一组是听从暂时意愿的行为；另一组则是按照庄严有序的节奏，不受任何波动的影响，每时每刻都在发生的行为。我们对后者心生敬畏，并试图从中找到合理的解释。我们很快就会明白，这些行为是重要的生命过程。于是我们得出这样的推论：这些至关重要的身体功能以及它们的转变有意地脱离了我们外在意愿的管控，而置于永恒并可靠的内在力量的指挥中。

05

意识把接收到的所有信息都看作真实信息，并以此为基础展开浩大的工程。而显意识提供的信息有对有错。如果是错的，那么整个生命都会面临巨大的危险。潜意识通过直觉做出感知，其过程稍纵即逝。它等不及显意识缓慢地推理，也用不到显意识的推理。

06

潜意识无法辩驳,因此,如果潜意识接收了错误的信息,克服错误信息的方式就是不断地进行强烈的反暗示,一遍又一遍地重复,直到大脑接受并最终形成崭新、健康的思维和生活习惯,因为潜意识是习惯的发源地。我们经常重复的事情会变成一种机械的本能,不再需要靠判断而行动,而是深深地烙印于潜意识之中。补救的办法就是承认潜意识的能力,并利用潜意识帮助我们改变坏习惯。

第三课

激发内心的太阳

01

显意识和潜意识之间必需的互联互动需要依靠它们对应的神经系统间的互联互动来完成。特洛德沃法官曾指出，实现这种互联互动的方式是非常奇妙的。他说："大脑—脊椎系统是显意识的器官，交感神经系统是潜意识的器官。大脑—脊椎系统是我们从身体感官接收意识感知并控制身体运动的途径。这个神经系统的中心是大脑。"交感神经系统的中心在胃的后部，被称为太阳神经丛。它是精神行为的途径，也是不知不觉中支持着身体生命机能的器官。

02

两个系统之间的连接是通过迷走神经实现的。作为躯体神经系统的一部分,迷走神经自大脑区域延伸而出,抵达胸腔,进入心脏和肺部,最终穿过横膈膜,脱去外膜,与交感神经协同合一,从而形成两个系统之间的纽带,使人的身体成为一个独立的实体。

03

　　当太阳神经丛处于活跃状态，向身体的各个部分以及所接触的每个人散发生机、能量与活力时，人就会感到精神愉悦、身体健康，而每一个与之接触的人也会感觉心情舒畅。人体的某部分失去活力，是因为太阳神经丛无法产生足够的能量。从精神方面讲，显意识的思维依赖于潜意识所提供的活力；从环境方面讲，潜意识与宇宙精神之间的联系被破坏了。

04

太阳神经丛是部分与整体的交汇。太阳神经丛是孕育生命力的地方,从中诞生的生命力是很强的。所以,很显然,我们要做的就是让"太阳"光芒闪耀。"太阳"散发的能量越大,我们就能越快地把不理想的条件转化为快乐和力量的源泉。那么,如何让"太阳"闪耀从而产生这种能量呢?

05

宽容松弛、愉悦健康的思维会使太阳神经丛蓬勃发展，而狭隘偏执、黯淡不快的思维会使太阳神经丛枯槁衰萎。意念中的勇气、活力、信心和希望都会相应地成为现实，而恐惧则如遮天蔽日的乌云，是太阳神经丛的宿敌。正是这个恶魔，让人害怕过去、现在、未来，让人害怕自己、朋友、敌人，甚至一切人和事。当恐惧被摧毁之后，你的太阳就将闪耀，乌云就会消散，你将找到力量、活力和生命力的源泉。

06

　　我们对待生活的态度影响着我们在生活中的际遇：倘若我们一无所求，我们就将一无所得；倘若我们所求甚多，我们必然所得甚丰。**世界对那些随波逐流的人才是残酷的，世上的批评对那些不坚定想法的人才是尖酸的。正是因为惧怕这种批评，许多想法才未能见于天日。**

07

那些心怀"太阳"的人不会惧怕批评或其他东西，他们忙于传播勇气、信心和力量，他们的心态会促成成功，粉碎障碍，跨越恐惧所造成的怀疑和犹豫。认识到人可以自觉地传播健康、力量与快乐，会让我们明白，其实世界上没什么值得惧怕的东西，因为我们与无穷无尽的力量相通。

08

　　现在你应当对改变潜意识的方法颇感兴趣。如你所知，潜意识具有智慧和创造力，并能对显意识的意志做出回应。那么，若要让潜意识产生你想要的结果，最简单的方法是什么呢？把精神集中在你渴求的目标上。当你集中精神时，潜意识就会发生相应的变化。

第四课

认识本我

01

　　你的"本我"不是身体,身体只是"本我"实现目的的工具。"本我"也不是心智,因为心智也只是"本我"用来思考、推理和计划的另一种工具。"本我"一定是某种能够掌控和指挥身体与心智的东西,是能够决定身体与心智做什么以及如何做的东西。当你认识到"本我"的本质时,你就将感受到一种前所未有的力量。

02

当你说"我想"的时候,"本我"告诉头脑应该想什么;当你说"我要去"的时候,"本我"告诉身体应该去哪里。这个"本我"的本质是精神的,是真正的力量之源。当人们意识到"本我"的真正本质时,他们就会获得这种力量。

03

"本我"被赋予的最伟大、最神奇的力量是思考的力量，但很少有人知道如何建设性地或正确地思考，所以获得的结果不太如意。大多数人的思考停留在自私的目的上，这是头脑幼稚的必然结果。如果一个人拥有成熟的头脑，他就会明白，失败的种子藏于每个自私的想法中。

04

有经验的人都知道，要完成一笔交易，就要让每一个与交易有关的人都受益。任何想利用他人的弱点、蒙昧或需求来占便宜的人，都会不可避免地吃亏。这是因为个体是整体的一部分，整体的部分之间不能相互敌对，而每一个部分的福祉都取决于整体的利益。

认识到这一法则的人，在处理生活中的事务时会拥有很大的优势。他们不会让自己疲惫不堪；他们能够轻松地摒除杂念，随时集中精力，尽可能地专注于任何事情；他们不会把时间或金钱浪费在对自己毫无益处的事情上。

05

如果你做不到这些,那是因为你还没有付出应有的努力。现在你可以做出尝试了!付出多少努力,就会收获多少成果。为了磨炼意志,实现成就,你可以用一句铿锵有力的话来激励自己:"我可以成为我想成为的人!"

06

　　如果你无法坚持，那就最好不要开始，因为现代心理学告诉我们，如果做一件事有始无终，或下定决心却没有坚持下去的话，我们就会对失败习以为常，这是可耻的。如果你不能将一件事完成，那就不要开始；如果你开始了，即使天塌下来也要完成；如果你下定决心要做一件事，就去做，不要让任何人、任何事干扰你。如果你的"本我"已经做出决定，事情已经板上钉钉，那就义无反顾地去做吧，因为已经没有讨价还价的余地。

07

　　要实践这个理念,你可以从自己能掌控、能循序渐进付诸努力的小事做起,但在任何情况下,都不要让你的"本我"被压倒。最终你会发现,自己能够掌控自我。要知道,许多人都悲哀地感慨,掌控自我并不比掌控一个国家更容易。但是,当你学会了掌控自我,你就找到了控制外在世界的内在世界,你将会变得强大无比。

08

任何过度的工作、娱乐或身体活动都会让人变得漠然和迟钝,从而无法调动思考的力量进行更重要的工作。所以,我们要时常寻求安宁。**在安宁中,我们得以平静。当平静时,我们得以思考,而思考正是获得所有成就的秘诀。**

09

情感通过爱的法则赋予思考生命力；思考遵循成长法则成形并得以表现；思考是精神"本我"的产物，因此它是神圣的、精神性的、创造性的。由此可知，为了获得权力、财富或达到其他建设性的目的，首先必须调动情感，然后才能使思考成形。那么，如何实现这一目的呢？这才是关键所在。我们应该如何培养信念、勇气和情感，来实现我们的目标呢？

10

答案是：练习。获得精神力量与获得身体力量的方法是一样的，那就是练习。**我们思考某件事情，第一次也许是很困难的，而第二次再思考同样的事情时，就变得容易多了；如果我们反复地思考，就会形成一种心理习惯；如果我们持续地思考同一件事，最终，这种思考就会变成自觉的行为。**我们无法不去思考这件事，我们会肯定自己的想法，不会再怀有疑虑。

第五课

构建精神家园

01

　　如果一个人想为自己建造一座房子，他会认真研究图纸，了解每一个细节，检查并选用最好的材料。然而，我们在建造精神家园时，却是何等的漫不经心啊！精神家园很重要，因为我们用来建造精神家园的材料决定着未来进入我们生活的一切。

02

这些材料是什么呢？我们知道，它是我们在过去生活中积累并储存在潜意识里的影响。如果这些影响是关于恐惧、烦恼、担忧、焦虑的，如果这些影响是苦闷、沮丧、泄气的，那么我们今天用来建造精神家园的材料就是不健康的。这些材料不但没有任何价值，反而会发霉、腐烂，带给我们更多的是劳累、忧愁和焦虑。我们只好永远忙于修修补补，好让它看上去体面一些。

03

如果我们储存的都是奋发向上的思想，如果我们一直以来都是乐观积极的，把消极思想统统扔进垃圾桶，拒绝和它们扯上关系，那结果会怎样呢？如此一来，我们就有了最棒的精神材料，我们可以用想要的建材搭建房屋，我们可以用想要的颜色涂刷墙壁，我们不必对这座房子的未来感到担忧或焦虑；没有什么东西需要修补，也没有什么东西需要掩盖。

04

这些都是经过心理学验证的事实，并非缺乏依据的理论或猜测。实际上，这些道理非常朴素，每个人都能理解。我们所要做的事情就是将精神家园清扫一新，每天都要除去污秽以保持它的整洁。**倘若我们要取得进步，精神上的、道德上的和身体上的清洁是必不可少的。**

当我们完成精神家园的清扫工作之后，就可以用剩余的材料来构建我们的理想或愿景了。

05

　　我们不妨想象一下,有一处美好的庄园等待着我们去认领,那里田野广阔,庄稼丰茂,流水潺潺,林木葱郁,一望无际。庄园里有一座宽敞明亮的房子,里面有珍贵的画作、丰富的藏书、华贵的帐幔,舒适而又奢华。继承人所要做的就是申明自己的继承权,然后拥有它、使用它。而继承者必须让庄园生机蓬勃,不能让它变为荒原。因为可使用是继承庄园的条件,忽略这一点就会失去对庄园的继承权。

06

在心灵和精神的领域,在现实力量的领域,你就拥有这样一处庄园。你是这座庄园的主人,只要你愿意,你就可以拥有和使用这份丰厚的财产。掌控环境的力量是它的成果之一,健康、和谐与繁荣是它的资产。它赋予你安宁与平静,你只需要稍作研究,就能获得其丰硕的资源。**你无须做出任何牺牲,只需要交出你的狭隘、奴性和软弱。它会为你披上自尊的长袍,将权杖交到你的手中。**

07

所有财富都是心态积累或是金钱意识的结果,它像一根神奇的魔杖,让你听取想法建议,为你制订执行计划。**你在执行计划的过程中得到的快乐,将与你在取得成就时获得的满足同样多。**

第六课

思维的力量

01

思想有什么作用呢？就如风是空气的运动一样，思想是精神的运动。思想的作用依靠与之结合的思维机制，这就是精神力量的奥秘所在。

02

耕种前，我们总是会研究农具的机械原理；开车前，我们也总想搞清汽车的机械原理；但我们中的绝大多数人却对有史以来最伟大的机制——人类的大脑一无所知。让我们来研究一下这种机制的神奇之处吧！或许这样我们就能更好地理解它的作用。

03

首先,有一个宏大的精神世界,我们在这个世界中生活、运动和存在。它对我们的愿望做出回应,回应的强度与我们的信念和目的的强度成正比。我们的目的需要符合人类的生存法则,也就是说,我们的目的应该是创造性的、建设性的。而我们的信念应该足够强大,能够产生足够的力量帮助我们实现目的。"你的信念有多强,你就有多强",这句话是有一定道理的。

04

那些向内在世界求索而不是向外在世界追寻的人，能够对强大的力量加以利用，这份力量将影响他的人生轨迹，将美好、强大、令人向往的事物带入他的人生。

提升专注力或许是发展精神力量最重要的环节。如果专注力能够得到正确培养，那么它所带来的惊人效果，对那些对此毫无了解的人来说，简直是难以置信的。对专注力的培养，是所有成功人士的必备特征，也是个人需要达到的最高修养。

05

思维的力量也是如此。倘若思维涣散，精神力量就无法集中，也就不会获得什么显著的成果。但如果能够全神贯注，假以时日，没有什么事是不可能做到的。**人类如今所遭受的苦难有两种，一是身体上的病痛，二是精神上的焦虑。这两者都可以归因于对自然法则的违背。毫无疑问，这种违背是因为至今为止人类所掌握的知识仍然不足，然而，漫长岁月中积聚的阴云正在消散，因为知识不完善导致的种种痛苦也将随之而去。**

第七课

视觉化

01

　　视觉化是在脑海中构想图景的过程。这种图景可以作为一个雏形，架构你的未来。请把你的蓝图设计得清晰明确、美妙动人，不要畏首畏尾，而要尽量构想一幅宏大的蓝图。要记住，除了你自己，任何人都不能对你施加限制。你不受成本和材料的影响，你能获得无限的供给，只需发挥想象力去构建它。它先在精神中成形，才有可能在现实中成真。

02

　　视觉化是连接你与所求之物的机制。它与"看"的行为有很大的区别。"看"是物理上的动作，因此与客观世界，即外在世界有关。而视觉化则是想象的产物，因此属于主观精神，即内在世界。因为是一种精神，所以视觉化具有生命力，它能够成长。视觉化的事物将在现实中成形。这种机制是非常完美的。不过有时候，这种机制的操作者不太熟练或缺乏效率，但只要下定决心，勤加练习，就能够克服困难。

03

　　把你的蓝图设计得清晰鲜明，然后牢牢地将它印在脑海之中，你就会逐渐地、不断地向它靠近。你一定能够成为你想要成为的人。第一步是理想化，这也是最重要的一步，因为理想是建筑的蓝本。它应该是坚实的、恒久的。当建筑师设计一栋三十层的高楼时，会预先描绘出每一根梁柱；当工程师设计一种机械时，会预先设定每一个部件的功能。

04

因此,你想要得到什么,就得先在脑海中描绘出来。就像在播种之前,你要知道自己会收获什么。这就是理想化。如果你还不确定自己想要什么,那么就坐在椅子上好好想想,直到脑海中的画面变得清晰为止。经过日复一日的思索,这幅画面会逐渐展开,开始时它只有一个模糊的样子,但它会逐渐成形,轮廓会变得清晰,细节会变得充实。你描绘未来的能力在与日俱增,而你设计的蓝图也将在客观世界中慢慢变为现实。

05

下一步是视觉化。你应该能够看到越来越完整的愿景，包括其中的每一个细节。当这些细节呈现在你眼前时，去实现这些细节的方法就会不断涌现。接下来就是一环套一环的过程：**想法将引导行动，行动将创造方法，方法将带来人脉，人脉会逐渐改变你的处境。最终，第三步，即现实化，就完成了。**

06

构建你的精神蓝图吧！构建一幅清晰、明确、完美的蓝图，"真切的渴望"会带给你"自信的期望"，而"自信的期望"又会被"坚定的决心"强化。这三者将为你带来非凡的成就，"真切的渴望"指的是感受，"自信的期望"指的是思维，而"坚定的决心"指的是意志。正如我们所知，感受赋予思维活力，意志支持思维发展，直到自然增长法则使愿景变为现实。

07

　　有许多人认识到了这种奇妙的力量，他们认真努力地去获取健康、权力和其他东西，但他们似乎无法使相关法则生效。导致这种情况的问题在于**他们专注的是外在的东西，他们渴望金钱、权力、健康、丰饶，却不知道这些都是果，而只有找到因，才能收获果。**

08

　　对很多人来说，这都是一个难题。我们太过焦躁，我们总是表现得不安、恐惧和失落，我们希望有所作为、有所帮助。我们像是在土里埋了一颗种子的孩子，每隔十五分钟就去刨开泥土看它是否发芽。在这种情况下，种子当然不会发芽，而这正是我们许多人在精神世界中做的事情。

09

　　思维的力量是获取知识最强大的手段，无论把注意力集中在哪门学科上，都能解决一些问题。人的理解能力是无所不能的，但要驾驭思维的力量，让它听命于你，就需要付出努力。

　　你不妨问自己几个问题，然后虔诚地等待自己的回答。你是否时常感觉到内在的自我与你同在？你是会坚持自我，还是会随波逐流？

第八课

想象力

01

  生命的唯一目的即成长，所有生命法则的存在都是为了保证这一目的的实现。因此，思想也会逐渐成熟，最终遵循成长法则而日益彰显。你可以自由地选择要思考些什么，但你思考的结果是由一个特定的法则支配的。所有持之以恒的想法必定会对个人的性格、健康和生活境遇施加某种影响。所以，我们必须采取方法，用建设性的思维习惯取代那些对我们产生不良影响的思维习惯。

02

　　我们都知道，这绝非易事。精神习惯是很难掌控的，但我们还是有办法做到，那就是立即开始用建设性的思维取代破坏性的思维。养成对自己的思维进行分析的习惯，如果这些想法是必要的，如果这些想法能带来客观的利益——不只是对你自身有利，而且对受其影响的所有人都有利，那就保留它，珍惜它，因为它具有价值，它能够成长、发展，结出丰硕的果实。

03

如果你的思想具有批判性或破坏性,并在某种程度上使你的处境变得混乱与艰难,那么你就很有必要培养建设性的思维了。在这一方面,想象力会帮助你很多。想象力是建设性的思维形式,它必然先于一切建设性的行动形式。

04

不要把"想象"和"幻想"或某些人爱做的"白日梦"混为一谈,"白日梦"是一种消耗精神的行为,可能会带来精神上的灾难。建设性的想象意味着脑力劳动。有人认为脑力劳动是最艰苦的劳动,但正因为它的艰苦,它的回报也是最丰厚的。

05

"吸引力法则"会为你带来与你独有的、习惯性的主导心态相对应的生活条件、生活环境和生活经历。这里所说的"主导心态"指的可不是你偶尔祈祷时的心态,也不是你读了一本好书后的心态,而是你"占主导地位的心态"。

06

你不能一天十个小时都沉湎于软弱、负面的想法，却期望通过十分钟的强大、积极、创造性的思考，来得到美好、强大、和谐的处境。真正的力量来自内心。这种蕴藏在内心之中的力量，只待人们去发觉它，认可它，接纳它，将它纳入意识之中并与它合二为一。

07

所有的错误都可以归因于无知。获得多少知识以及从知识中汲取多少能量决定着一个人的成长与进步。对知识的掌握和运用构成了一种精神力量,这种精神力量是一个人的核心组成部分。

08

　　成功人士都会将自己的奋斗理想当作主要目标。他们不断地在脑海中构想实现理想所需的下一个步骤。思想是他们的搭建材料，想象力是他们的精神工坊。智慧是他们永不停息的力量，他们依靠这种力量接触成功所需的人脉与环境，而想象力则是孕育所有伟大事业的子宫。

第九课

正确的思考

01

　　健康、财富与爱是所有人都渴望得到的三样东西,也是人类所能获得的最极致的成功和最完美的发展。所有人都承认健康是非常重要的,如果身体处于痛苦之中,人就不会感到幸福。至于财富,并不是所有人都认为它是必要的,但是人们必须承认,充足的财富还是必要的。人们对"充足"的定义并不相同,有些人认为的充足,在另一些人看来却是匮乏。

02

　　要想正确而准确地思考，我们必须先知道什么是真理。真理是指导所有商业关系和社会关系的深层法则；真理是一切正确行动的先决条件。认识真理、掌握真理、安心定志将使你感受到无可比拟的满足感。在这个充满竞争的世界中，它就像唯一坚实的土地。

03

即使是世界上最愚笨的人,倘若知道任何行动都以真理为基础,那么他也能轻而易举地洞见一件事的结果。哪怕是世界上最睿智、最博学、最洞察世事的人,倘若他把希望建立在明知是错误的前提之上,那么他就会绝望地迷失方向,对未来发生的事情一无所察。

04

　　人是自身思想的总和。我们如何才能摒弃恶念，只保持善念呢？我们可能无法避免恶念的产生，但我们可以拒绝接受它。拒绝的方式就是遗忘，也就是说，找一些东西来淡化它。

05

如果我们的主导心态是力量、勇气、善良和宽厚，那么我们就会更积极地看待周围的环境；如果我们的心态是软弱、挑剔、嫉妒和破坏，那么我们就会更消极地看待周围的环境。

第十课

找到物质与精神、因与果的联结

01

　　丰裕是宇宙的自然法则,能够证明这条法则的证据比比皆是。大自然是慷慨的,没有偷工减料的造物,万物都是繁茂的。大自然的树木、花朵、庄稼和动物,永恒地进行着繁殖,这所有的一切都显示出,大自然为人类提供了赖以生存发展的基本条件。很明显,每个人都能够获得丰富的资源,但同样明显的是,很多人都没能接触到这些资源,因为他们缺乏对物质的普遍性认知,也不知道精神才是将我们与渴求之物联结在一起的有效途径。

02

所有的财富都是权力的产物。财产只有在赋予权力时才具有价值。事件只有在影响权力时才具有意义。所有事物都代表着不同形式和不同程度的权力。

03

  关于电学、化学以及万有引力的定律都是因果法则的表现,对这些知识的掌握使人类能够勇敢地制订并无畏地执行计划。这些定律被称作自然定律,因为它们支配的是物质世界,但并不是所有的力量都是物质力量,还有精神力量、道德力量和信仰力量。

04

当今最大的谬论是：人类具有创造智慧，并凭借这种智慧实现特定的目的或结果。这种说法是完全没有必要的。我们可以借助宇宙精神找到向物质世界转化的必要途径和方法，但是，我们必须先拥有完美的理想。

05

  我们知道，人们总结出了电学定律，然后通过各种各样的方式使用电力，为生活带来了舒适与便利。我们知道，信息传遍世界的各个角落，庞大的机器按照其指令运作，电灯的光芒几乎照亮了整个星球。与此同时，我们也知道，假如我们有意或无意地违背电学定律，例如碰到一根未绝缘的火线，那肯定会遭遇不幸，甚至还会危及生命。同样，如果我们不了解支配无形世界的法则，也会遇到相同的后果，许多人的苦难正来源于此。

06

　　有人解释说,事情的因果就像电池的两极,中间形成一条电路,如果我们不按照法则行事,这条电路就无法接通。但如果我们连法则是什么都不知道,又怎么能够按其行事呢?我们怎样才能认识这一法则呢?方法是学习和观察。

07

我们看到，因果法则无处不在。自然中的万物按照生长法则默默地、持续地展示自我，这就是对因果法则的遵循。所有生命都在不断地争取适宜的条件和丰富的资源，以实现最完满的自我展示。

08

所有和谐的环境都来自力量。我们已经知道,所有的力量都源于内心。如果缺乏力量,会带来匮乏、局限和逆境,弥补的方式就是增强力量,而增强力量的方法就是不断练习。

第十一课

归纳推理

01

　　归纳推理是客观意识的工作过程，在这一过程中，我们将比较一系列独立的事件，从中找出引发这一系列事件的共同原因。归纳法是通过对事实的比较得出结论的方法。正是通过这种研究方法，人类才发现大自然原来受到自然规律的支配，而人类对自然规律的认识，标志着人类历史进入了崭新的时代。归纳法消除了人们生活中的不确定性和变幻无常，并代之以规律性、理性和确定性。

02

倘若柏拉图能够目睹摄影师拍摄的太阳运动的照片，或看到某人通过归纳法想象出的上百幅画面，他或许会回忆起恩师传授给他的智慧，并在脑海中构想出一片乐土。在这片乐土之上，所有人工的、机械的和重复性的劳动都被分配给大自然的力量去完成，我们只需要用意志开启精神活动，就能够满足所有的需求。一切供应都可以由需求创造。

03

我们发现了一种方法，其精髓在于：相信你所追寻的东西已经实现。这种方法是柏拉图留给我们的遗产。我们首先要相信自己的愿望已经实现，然后就有动力去推动愿望的实现。这是运用思维创造力的一则简明指南：把我们渴望的某个特定的事物当作已经存在的事实，让它在宇宙精神中留下印记。

04

  这样，我们就可以在绝对的层面上进行思考，摒弃对各种条件和限制的考虑。我们就像撒下了一粒种子，只要不发生意外，它就会生根发芽，最终在外在世界结出果实。让我们来回顾一下：归纳推理是客观意识的工作过程，通过比较一系列独立的事件，找出引发它们的共同原因。我们看到，在世界上所有的文明社会中，都有获得了成功却对成功的过程不甚了解的人，他们通常都会或多或少地为自己成功的过程蒙上一层神秘的面纱。而我们被赋予推理能力，就是为了探索实现成功的规律。

05

对不同年代、不同性格的人阐述真理，必须采用崭新的不同以往的方式。圣保罗说："信就是所望之事的实底，是未见之事的确据。"现代科学家说："吸引力法则就是思想与客体相关联的法则。"将这些论述进行分析对比，就会发现其中蕴含的真理是相同的，唯一的差异是它们的表达方式。

06

你或许会问,思想的创造力存在于何处?它存在于创造性的理念中,反过来,这些理念通过发明、观察、辨别、发现、分析、管理、综合、应用等手段,运用物质和力量使自身成为客观现实。它之所以能够做到这些,是因为它是有智慧的创造力。当思想潜入自身深处,思维活动就到达了巅峰。此时,思想突破了自身的狭隘,创造一个又一个奇迹。

07

我们知道，有许多人都获得了看似不可能的成功，实现了渴望一生的梦想，还有许多人改变了包括自身在内的一切。有时我们惊奇于这种不可抵抗的力量只在我们最需要它的时候显现，但现在一切都清楚了。我们所要做的不过是领会某些特定的基本法则并恰当地利用它们。

第十二课

吸引力法则

01

科学地理解思想的创造力,遵循自然规律,人生中就没有无法实现的目标。思考的力量是人所共有的。人的思考力是无限的,所以人的创造力也是无限的。尽管我们知道思想会帮助我们创造我们想要的东西,并使我们逐渐接近它们,但我们很难消除恐惧、焦虑或气馁的情绪。这些负面情绪也是强大的思想力量,它们不断地把我们渴望的东西推远,因此我们常常是前进一步,后退两步。

02

只有当你了解到,你所拥有的唯一的、真正的力量是按照神圣而不可改变的法则调整自己,你才能掌握应用思维创造力的方法。你无法改变无限的力量,但你能够理解大自然的法则。作为回报,你能清楚地认识到你有能力调整自己的思维。你与这种万能之力相协调的能力,将决定你成功的程度。

03

当然,忧虑、恐惧等所有负面情绪都会产生负面的结果。**"吸引力法则"赋予思想动能,使之与客体相联系,使人能够掌控一切不利的经历。吸引力法则的别称是爱。爱是永恒的基本法则,正是这种情感赋予了思想活力。情感即渴望,渴望即爱,爱所孕育的思想具有强大的力量。**

04

　　思想与爱的结合形成了不可抵抗的力量，即"吸引力法则"。自然界所有的法则都是不可抵抗的，它们不会有误，只不过应用的条件不太完美。如果吸引力法则没有在一个没有经验或不了解情况的人身上完美地表现出来，我们也不能认为整个造物系统赖以存在的最伟大、最无懈可击的法则失效了。我们得出的结论应该是：正如不是所有的数学题都能被迅速而轻易地解出答案，我们应该对这个法则了解得更多一些。

05

因此，如果你还不了解吸引力法则，还不知道将它付诸实践的科学方法，还不明白它能为那些利用它的人带来无限的可能，那么就从现在开始学习必需的知识吧。去体验这种无限的力量，只要你遵循自然法则，这种力量就会为你所用。你必须集中精神，全神贯注。

06

渴望智慧、权力或永恒成功的人，将仅在内在世界中找到这种力量，这种力量是逐渐展现的。头脑空空的人可能会认为宁静是一种易得的状态，但要记住，只有在绝对的宁静中，人才能激发灵感，才能领悟到永恒不变的法则，才能通过坚持不懈的练习和全神贯注的意志，为自己打开通向完满的大门。

第十三课

珍视思想的创造力

01

　　科学的倾向和必然，就是通过归纳那些少见的、例外的事件，对日常现象给出解释。这就像火山爆发显示出地球内部的热能始终是活跃的，且让地球形成了如今的构造。这种对罕见的、异常的例外事件进行归纳的方式，就如同指南针一样引导着科学上的发现。这种方法建立在理性和经验的基础之上，因此能打破迷信、惯例和习俗。

02

　　简而言之，因为我们珍视真理的价值，期盼得到稳定而普遍的进步，所以不允许某些不受欢迎的事实被忽视或篡改。我们认为应该将科学建立在广泛而稳定的基础之上，既关注常见的现象，也关注特殊的事实。

03

我们会发现,思想的创造力可以解释我们的每一种状态和经历,无论是物质上的、精神上的还是信仰上的。思想会根据我们占支配地位的心态去影响环境。如果我们恐惧疾病,一定会对思想产生影响,因为恐惧也是一种强大的思想形式,它会使经年累月的辛勤努力付诸东流。

04

那么正确的方法是什么呢?我们应该怎样思考,才能获得渴望的东西呢?我们所有人渴望和追求的,都是幸福与和谐。如果我们是真正幸福的,就能拥有世界所给予的一切;如果我们是幸福的,就能为周围的人带来幸福。

05

我们需要健康、爱、亲切的朋友、宜人的环境、充足的供给,要满足生活所需,还要过得舒适,这样我们才能幸福。旧的思维教导人只满足于自己已有的那份,不管是多是少;而先进的理念是让人们认识到自己有权享有最好的一切。

06

现在,我们知道这条理论是正确的,它已经延续了两千多年,是哲学体系的精髓。但是,我们如何才能将这一理论应用于生活中呢?此时此刻,我们如何才能得到实在、具体的结果呢?

07

首先，我们必须将理论付诸实践，其他任何方式都不能成功。运动员可能一生都在阅读关于体能训练的书籍，学习体能训练的课程，但他必须在实际的练习中付出力气，否则他不会取得力量上的进步。他付出多少，最终就会收获多少，但他首先必须付出。对我们来说也是如此。我们的付出只是一个精神过程，思想是因，环境是果，所以，我们只要付出勇气、激情、健康或任何积极的想法，就能启动因，从而获得果。

第十四课

个体精神

01

所有的运动、光、热和色彩都源于宇宙能量。宇宙能量高于其产物,却未对产物施以限制。宇宙物质是一切力量、智慧和天分的源泉。要认识这种智慧,就要明白人的心智是有认知力的。人可以通过这种认知力向宇宙物质靠近,并在宇宙物质和个人生活之间搭建和谐的关系。

02

即使是最渊博的自然科学家也没有探索过这一领域,这是一块从未有人涉足的净土。事实上,智慧就像力和物质一样无处不在。

03

　　精神是具有创造性的，这一法则的依据是合理可靠的，但这种创造力并非源于个体精神，而是源于宇宙精神。宇宙精神是所有能量和物质的源泉，而个体精神不过是宇宙精神的支流。宇宙精神将各种个体精神加以组合，从而形成现象。

04

每个细胞都会经历诞生、繁殖、死亡以及被其他细胞吸收的过程。健康和生命的维持都有赖于这些细胞的活动。由此可见，身体中的每一个原子都蕴藏着精神。这种精神是消极的，而个体精神的力量可以将其转为积极的状态，因此人能够有意识地控制消极的思想。这就是精神疗法的科学解释，所有人都能从中了解到这一现象所依据的原理。

05

每一个结果的背后都隐藏着一个原因,如果寻踪溯源,我们就会发现由因致果的创造性原则。现在这方面的论据已经非常完备,这个真理已经普遍为人们所接受。

06

如果你想通过必要的训练来让生活发生彻底的改变,你就必须在谨慎思考和全面衡量之后,全神贯注地投入训练,不能让任何事情干扰你的决定。这种训练、这种思想上的改变以及这种精神态度,不仅会为你带来丰盛的物质财富,也会带来健康和谐的环境。如果你希望拥有和谐的生活环境,就必须培养和谐的精神态度。你的外在世界将反映出你的内在世界。

第十五课

语言的魔力

01

我们赖以生存的各种法则,都是为了我们的利益而设计的。这些法则不可改变,没有人能够逃脱它们的作用。所有伟大而永恒的力量都在肃穆地运行,但我们有能力让自己与这些力量保持一致,从而获得相对安宁而幸福的生活。

02

困难、不和以及障碍的出现表明我们要么不愿付出我们已经不再需要的东西，要么不愿接受我们需要的东西。 成长是在以新代旧、追求更好的过程中实现的。它是一个相对的或者说双向的行为，因为我们每个人都是完满的思想实体，这种完满使我们能够先予后取。

03

　　如果固守我们所拥有的，就无法获得我们所缺乏的。当我们逐渐感知到我们所追求的目标，就能有意识地控制外在的环境，并从每一次经历中汲取有益于成长的养分。这种能力决定了我们能拥有何种程度的和谐与幸福。

04

随着境界的提升和视野的开阔,我们获取成长所需养分的能力也会逐步增强;我们越了解自身的需求,就越能把握它的存在,从而吸引和吸收它。这样,来到我们身边的一切,都是我们成长所必需的。

05

所有的环境与际遇都会为我们带来益处。困难和障碍会接踵而来,直到我们从中吸取教训并积累进一步成长的养分。成长是生命必经的过程,它要求我们竭尽所能地吸引那些与我们完全一致的东西。只要我们了解自然法则并主动应用自然法则,我们就能获得最大的幸福。

06

思想只有与爱结合才能拥有生命力。爱是情感的产物，所以我们必须用智慧和理智控制并引导情感。**思想的最初形态是语言，这让语言变得至关重要；语言是思想呈现的第一步，是思想的载体。**

07

　　思想可以引发各种行动,但无论是什么样的行动,都不过是思想以可见的形式显现出来的。因此,很显然,如果我们渴望拥有理想的环境,就必须先对理想的环境有所构想。我们势必会得出这样一个结论:如果我们希望得到财富,就必须聚精会神地构想财富。由于语言是思想的唯一表现,我们必须谨慎发言,只使用建设性的、和谐的语言。这样,当语言最终转化为现实的时候,才会对我们有所裨益。

08

人类之所以有别于其他动物，正在于拥有以语言形式表达思想的奇妙能力。通过书面语言，人类得以回顾过去，回望历史中那些激动人心的时刻，看看人类是如何变成了现在的样子。语言就是思想，因此语言是一种无形的、战无不胜的力量，语言的形式最终将影响它所成为的现实的样子。

09

语言可以成为永恒的精神殿堂,也可以成为一阵微风就能吹散的草棚。语言包罗万象。在语言中,我们可以找到逝去的历史,也可以看到未来的希冀。语言像一位精力旺盛的信使,一切人类的以及超人类的行为都由此诞生。

10

物质世界中有一条守恒法则：一个地方增加了多少能量，另一个地方就减少了多少能量。因此，我们所得到的只能是我们所付出的东西。我们采取什么样的行动，就要为这个行动带来的结果承担责任。潜意识没有推理能力，它听从我们的吩咐。我们向它提出了要求，就要接受它给出的结果。

第十六课

分清目的与手段

01

财富是劳动的产物。资本是果而不是因,是仆人而不是主人,是手段而不是目的。**财富最被人普遍接受的定义是:财富是具有价值的、可交换且合意的东西。这种使用价值是财富的主要特征。**

02

倘若认识到财富为其拥有者带来的幸福是微薄的,我们就会发现,财富的真正价值不在于实用性,而在于使用价值。使用价值将财富变为一种媒介,我们可以通过财富获取真正有价值的东西,实现我们的理想。

03

因此，我们不应该把财富当作目的，而应该仅仅将它当作实现目的的手段。成功取决于比单纯积累财富更崇高的理想。凡是渴望成功的人，都必须有一个其愿意为之奋斗的理想。

我们在外在世界的种种际遇，都能在内在世界找到对应，这是由吸引力法则决定的。那么，我们该如何决定哪些事物可以进入内在世界呢？

04

　　通过感官或者显意识进入我们内在世界的事物，都会在我们的潜意识中留下印象，形成精神图景，而创造力会按照精神图景指示的方法进行工作。一方面，进入内在世界的经历大部分是环境、机会、过去的思考和某些负面思想的结果，因此在它们进入我们的潜意识之前，必须经过仔细地分析。另一方面，我们也可以通过内在的思维过程创造自己的精神图景，而不必顾虑别人的想法、外在的条件以及各种各样的环境，我们可以运用这种力量来掌控自己的命运、身体、精神和灵魂。

05

通过运用这种力量,我们能够使命运摆脱偶然性,自觉地创造出我们渴望的经历。因为当我们自觉地为实现某种生活而努力时,这种生活最终就会变为现实。所以,掌控思想就是掌控情境、条件、环境和命运。

06

那么我们该如何控制思想呢？过程又是怎样的呢？思考就是创造思想，而思想的结果依托于它的形式、性质和生命力。思想的形式依托于产生它的精神图景，而精神图景依托于印象的深刻性、思维的主导性、想法的清晰性以及图景本身的明确性。思想的性质依托于它的组成物质，也就是构建思想的材料。如果思想的材料是活力、强健、勇气和决心，那么思想就将拥有这些性质。

07

最后，思想的生命力依托于思想中蕴含的情感。如果思想是建设性的，那它就会拥有活力、拥有生命，它会成长、发展、壮大，变得具有创造性，它会为了完成自身的建设而汲取所需的一切。如果你想将愿望变为现实，那就要有意识地构想你的愿望，在脑海中想象一幅成功的画面，这样你就能将这幅画面外化为现实，用科学的方法实现成功。

08

当然，想象必须受到意志的指导，我们只能构想自己想要的东西，而不能放纵想象力肆意妄为。想象力是个优秀的仆从，但却是个糟糕的主人，它必须受到约束，否则就会将我们带入各式各样的空想和不切实际的结论中。倘若不加以分析检查，我们的头脑就很容易接受各种似是而非的观点，这必然会导致精神上的混乱。

09

因此,我们必须且只能构建合乎科学的精神图景。每种观点都要被透彻地分析,不符合科学的东西一律摒弃。只有这样,你才能只做那些你能够做到的事情,而成功会为你的努力加冕。这就是成功人士口中的"远见",它与洞察力非常相似,是所有重要事业取得伟大成就的秘诀之一。

第十七课

集中精神

01

长时间地集中精神意味着均匀而持续的思维流动,需要耐心、恒心、毅力和良好的调控才能达到这样的结果。人们常常对集中精神存在误解,认为集中精神需要付出很多努力,但实际情况恰恰相反。你只需沉浸在思想里,只关注眼前的对象,不去想无关的事物。这种做法能为你带来直觉上的感知力和直接的洞察力,使你能看透所关注的对象的本质。

02

集中精神不只是思考，而且是把思考转化为实际价值。普通人对集中精神的概念往往一知半解，他们总是嚷嚷着"去拥有"，却半点也不提"去成为"。他们不明白想要有所得，就必须先有所学，只有先找到"国土"，才能在土地上"添砖加瓦"。短暂的热情毫无用处，只有无限的自信才能达到目标。

03

所有的成就都源于渴望和专注。渴望是最强大的行为模式，渴望越是执着，结果越是可观。渴望加上专注，我们就能发现自然的一切奥秘。一小段时间的认真专注和对成才、成功的强烈渴望，其效果远超过长时间消极而被动地付出。它将破除软弱、无能和自我贬低的桎梏，为你带来克服困境的喜悦感。

04

我们每个人都是一台发电机,但发电机本身什么也做不了。必须在精神的驱使下,发电机才会运转,它的能量才能被有效地集中。头脑可以比作能量无法估量的引擎,而思想是引擎引发的力量。

05

每征服一个障碍，每取得一次胜利，都会让你对自己的力量更有信心，你也会拥有更强的取胜能力。你的力量是由你的心态决定的，如果抱有必胜的心态，并且始终怀揣坚定不移的决心，你埋在心底的需求就能在不知不觉间实现。

06

思想通常是向外发展的,但它也可以向内发展,领会事物的核心、精神和基本准则。当你掌握了事物的本质,你就能相对容易地理解和号令它们。原因在于,事物的精神就是事物本身,是它的内核,是它的真正实质。外部形态只是内在精神的外化。

第十八课

培养注意力

01

　　世上的思想是不断变化的,这种变化总在悄然间发生。世上最重要的变化就是思想的变化。新的文明正在诞生,远见、信念和开拓精神日益重要。人类逐渐摆脱了传统的枷锁,思想获得解放。整个世界迎来新的意识、新的力量和新的自我。

02

对自然法则的认知使我们能够不为时间和空间所限,在天空中翱翔,让钢铁浮于水面。智慧的程度越高,我们对自然法则的认知就越深,我们所拥有的力量也就越大。

03

唯一对任何人都有价值的信念，是经过检验并被证明为真理的信念。它不仅仅是信念，而是活生生的信仰或真理。为了成长，我们必须获得最基本的东西。然而，我们作为完全的思想实体，必须先付出才能获取。因此，成长建立于互惠行为之上。我们发现，在精神层面上，同类之间会相互吸引，精神的共振只有在和谐的条件下才会产生。

04

力量的大小取决于对力量的认知。如果我们不对力量加以运用,我们就会失去它;如果我们不对力量加以认知,我们就不能运用它。善于集中注意力是成功者的标志,而注意力的培养需要依靠练习。

05

兴趣是集中注意力的原动力。兴趣越大，注意力越集中；而注意力越集中，兴趣就越大，两者是作用力与反作用力的关系。首先你要集中注意力，不久之后你就会产生兴趣，兴趣会吸引更多的注意力，而注意力又会催发更多兴趣，如此往复。这种练习可以帮助你培养注意力。

19

第十九课

一体两面

01

人们对真理的探寻不再是毫无头绪的冒险，而是合乎逻辑的系统化过程。每一种体验都将影响最终的决定。探索真理就是探索终极原因。我们知道，人类的每一种经历都是一种结果，如果我们能确定原因，并且主动地控制原因，随之而来的结果和际遇就能在我们的掌握之中了。

02

万事万物最终都能分解为同样的元素，它们之间可以相互转化，因此它们紧密地联系在一起。

03

  物质世界中有无数的对立，为了方便起见，我们根据大小、颜色、形状、方向给它们起了名字。于是，就有了北极与南极、内与外、可见与不可见……不过这些名称仅仅表达了对立的两个极端。我们赋予这些极端不同的名称，是为了区分同一事物的不同方面。事物的两极是相对的，但它们并不是独立的个体，而是同一整体的两个不同的方面或部分。

04

　　道德世界中也存在同样的法则。我们在谈论善与恶时，常常认为善是真实的，是能触摸到的；而恶只是一种消极的状态，是善的空缺。我们有时也认为恶是真实的，但它缺乏原则、活力和生命。这是因为恶总是被善打败，就像真理打败谬误，光明驱散黑暗，当善现身，恶就将遁形。因此，道德世界中只有善这一条原则。

05

　　精神世界中也有完全相同的法则：我们常常把心灵和物质说成是两个独立的实体，但倘若悉心观察，我们就会发现，只有心灵起到了原则性的作用。在时间的长河中，千年恍如一日。站在繁华的都市中，放眼望向无数宏伟的建筑，看到车水马龙、电灯电话和现代文明所提供的便利条件，我们知道一个世纪之前，这一切都还未存在。假如一百年后我们还站在这里，很可能会发现今天的一切已所剩无几。

06

你可能已经知道,思想不断地、永恒地在客观世界中成形,它不停地寻求表达。积极、强大、建设性的思想将在你的健康、事业和境况中体现出来;而软弱、消极、批判性、破坏性的思想,将表现为精神上的恐惧、忧虑和紧张,财务上的贫穷和困窘,以及境遇上的龃龉不合。

07

　　所有的财富都来源于力量，而力量只有在能带来财富时才具有价值。影响力量的事件才有重要意义，所有事物都代表着某种形式和程度的力量。世界上有成千上万的精神发电厂，这些精神发电厂将原料汇聚起来，最终将其转化为能控制其他所有力量的力量。那么这种原料是什么呢？这种原料的静态形式是精神，动态形式是思考。

08

　　思想是一种蓬勃发展的力量或能量，它在过去的半个世纪中创造了惊人的成果，完全超过了五十年前甚至二十五年前的人们的想象。如果说过去的五十年里，精神发电厂已经创造了如此了不起的奇迹，那么再过五十年，又有什么是不可能的呢？

09

　　我们所处的环境以及生活中无数的境况和遭遇早已存在于我们的潜意识中，而潜意识会吸引与其本性相适应的精神和物质原料。因此，我们的未来是由我们的现在决定的。如果我们在个人生活中遇到了不公，应该从内在寻找原因，努力发现导致这种外在表现的心理原因。

第二十课

获得灵感

01

你对精神及其可能性的认知越是成熟，你的精神就越是活跃。所有伟大的事物都是通过认知得来的，意识是力量的权杖，思想是力量的信使，它们不断地将无形世界中的现实塑造为客观世界中的环境和条件。

02

　　思考是人生的要务，而力量是其结果。人无时无刻不在跟思想和意识的神奇力量打交道。倘若你对这种尽在掌握的力量视而不见，那你还有什么可期待的呢？倘若你对这种力量无知无觉，你就会使自己局限在肤浅的表象中，成为那些懂得思考的人的苦工。那些人能够认识到自己的力量，他们知道，人除非辛勤思考，否则就要付出劳力；思考得越少，付出的劳力就越多，收获的成果却越少。

03

当你意识到宇宙精神就在你自身之中的时候,你就会开始行动,开始感受到自己的力量。这种意识将点燃你的想象,焕发你的灵感,为你的思想赋予生命力,使你与宇宙的无形力量联系在一起。正是这种力量让你能无所畏惧地计划筹算,并得心应手地加以执行。

04

我们对内在世界一知半解,因而不去对它多做思考。当我们学会认识内在世界——不仅是自己的内在世界,而是所有人、所有事、所有物和所有环境的内在世界,我们就能找寻到力量的源泉。

05

  获得灵感意味着打破常规、避俗趋新，因为超凡的成果需要通过超常的手段才能得到。当我们认识到万物是统一的，认识到一切力量都源于内在，我们就能挖掘到灵感的源泉。灵感来源于内在。这就需要我们保持沉静，暂闭感官，放松肌群，稍作休憩。当你拥有了沉静的感知和力量，你就能够做好准备去接收信息、灵感或智慧这些成长中必不可少的东西，从而实现你的目标。

06

不要把这些方法和巫术混淆，两者没有任何共同之处。灵感是感受的艺术，它造就了生活中的一切美好事物。你的人生要务就是理解和指挥这些无形的力量，而不是让这些力量操控和左右你。力量意味着服务，灵感意味着力量，倘若能领悟并运用灵感，你就能成为成功之人。

07

思想是一种创造性的振动,创造出的条件源于我们思想的质量,因为我们无法表达我们并未拥有的能量。我们"是"什么才能"做"什么,我们能"做"到什么程度依托于我们"是"什么水平。

第二十一课

意志力

01

　　一旦我们意识到内在世界中存在着取之不尽、用之不竭的力量，我们就可以利用这个力量，将我们洞察到的这种更大的可能性加以应用和发展。无论我们意识到了什么，这种意识都会在客观世界中展现，进而成为有形的表达。

02

化解不完美状况的能力依托于精神行动力,而精神行动力依托于我们对力量的认知。因此,我们越是意识到自己与一切力量之源是一体的,就越能控制和驾驭一切状况。这是成功的秘诀之一,是胜利的方法之一,是智者的专长之一。有识之士总是着眼于大局。精神的创造性能量在处理大的情况时,并不比处理小的情况时更加艰难。

03

　　当我们认识到这些与精神相关的事实，我们就会明白，只要在意识里创造相应的条件，我们就能得到相应的反馈，因为任何在意识中存留过一段时间的事物，都会在潜意识中留下印记。如此形成一种模式，创造性的能量会将这种模式融入个体的生活和环境。

04

占主导地位的思想或心态就像磁铁，只不过它遵循的是"同性相吸"的法则，所以心态总是会吸引与其本质相符的外在条件。这种心态就是我们的个性，它由我们头脑中已经产生的想法组成。因此，如果我们希望改变境况，只需改变我们的思想。这样一来，我们的心态就会随之改变，个性也会发生变化，进而改变我们在生活中遇到的人、事和状况，或者说，改变我们的经历。

05

无论你做什么事情,都要毫不犹豫地追求所能达到的最高境界,因为只要你怀有坚定的意志,精神的力量会随时为你提供帮助,努力将崇高的抱负具现为行动、成就和盛事。

06

这条法则能帮助你做到任何事情。要勇敢地相信自己的想法。记住,本性是可塑的,是可以臻于理想的,只要你将理想当作已经实现的事实。

第二十二课

心理对身体的调节

01

如果我们的健康状况并不尽如人意,那不妨检查一下自己的思维方式。让我们记住,每个想法都会在头脑中留下印记,每个印记都像一粒种子,它会埋入潜意识中,形成一种倾向。这种倾向会吸引其他相似的思想,不知不觉中,我们就会拥有一片必须收割的庄稼。

02

假如你受了伤，成千上万的细胞立即开始修复伤口，几天或几周之后，伤口就会愈合。假如你骨折了，世界上没有哪个医生能立刻把断掉的骨头接在一起，他们会帮你将骨头复位，而身体会立即开始修复断骨。假如你感染了危险的病菌，身体会立即筑起一道围墙将感染区域圈起来，然后让白细胞吞噬病菌，消灭感染。

03

现在，我们知道了如何让身体状况按照我们的期望发生变化，对精神的力量也有了一定的了解，于是我们发现，实际上，我们能够与无所不能的自然法则保持和谐一致且不受任何限制。

04

越来越多的人意识到了精神对身体的影响或控制，许多医生都在认真研究这个问题。阿尔伯特·T. 肖费尔德博士曾以此为课题写过几本重要的书。他说："对精神健康的关注在医学界仍未获得广泛的重视。在心理学领域，还没有关于促进身体向好发展的精神影响力的研究，精神健康对身体的影响也鲜少被提及。"

第二十三课

学会慷慨

01

"金钱意识"是一种心态,它是通往商业要道的大门,具有很强的接受性。欲望是一种吸引力,它激发财富的流动;而恐惧则是一种障碍,它会阻碍甚至完全逆转财富的流向,使我们远离财富。

02

恐惧,即贫穷意识,是金钱意识的对立面。如那亘古不变的法则所言,我们付出什么,就会得到什么;如果我们恐惧,我们就会得到我们所恐惧的。金钱已融入我们生活的方方面面,它会与最优秀的头脑所产生的最佳想法碰撞出火花。

03

你可以为自己积聚钱财,但在这么做之前,你要先考虑如何同时为他人谋取利益。如果你具备足够的洞察力,能够鉴机识变,因势而动,你就能处于有利的位置。但只有当你能够帮助他人的时候,才会迎来人生中的最辉煌的成功。这就是所谓利人利己的道理。

04

慷慨的思想充满了力量与活力,而自私的思想隐含着分崩离析的先兆。金融巨鳄只是财富分配的渠道。高额的账目来来往往,不让财富流出和不让财富流入一样危险,两边都必须保持开放。所以,只有当我们认识到给予和获取同样重要时,我们才会取得最辉煌的成功。

05

　　集中精神的力量被称为"专注力"。这种力量由意志掌控，所以除了我们所渴望的事情，其他的事情都不能占据我们的思考或注意。很多人时常将精神集中在悲伤、损失和各种各样的争执上，而思想是创造性的，这种做法毫无疑问会带来更多的悲伤、损失和争执。反之，如果我们觅取成功、收获或任何渴望的东西，我们自然会将精神集中在这些方面，从而创造更多的成功并进入良性循环。

06

倘若承认了这一点,我们是否就能合理地认为,精神及其表现法则就是务实的人所希望找到的最实用的东西呢?假如世上的务实之人都能领悟到这个事实,他们一定会倾其所能地去感知精神的存在,并学习精神表现的法则。这些人可不是傻瓜,他们只需要掌握这个基本事实,就能找到实现成功的方向。

07

人的欲望无法依靠任何非精神的东西得到永久的满足。所以，金钱除了能够带来我们所渴望的条件之外，不具有任何价值。它所带来的条件还必须是和谐的。和谐的条件能保证充足的供给，因此，如果有任何缺损，我们应当意识到，金钱的初衷和灵魂乃是服务，一旦这种想法成形，供给的渠道就会被打开，你就会高兴地发现，精神法则的确是非常实用的。

# 第二十四课

探求真理

01

当科学家们首次提出"日心说",即地球围绕太阳旋转的理论时,引起了人们极大的惊惧和震骇。这个想法简直没有道理,谁都能看到太阳划过天空,落于西山,没入大海,没有比这更确定的事情了。学者们感到愤怒,科学家们斥之为荒谬,但最终,所有证据都证明这个理论是正确的。

02

  我们称"钟"为发声体,但我们知道,钟所能做的只是在空气中产生振动。当振动的频率达到每秒 16 次时,我们就能听到钟声。我们能听到的最高频率是每秒 38000 次,如果超过这个数字,一切又会归于寂静。所以,声音并不存在于钟里,而是存在于我们的感知里。

03

　　我们都说，甚至也都认为太阳会"发光"。但我们知道，太阳只是在释放能量，而这种能量产生的振动频率高达每秒 400 万亿次，形成了所谓的"光波"，所以我们称之为"光"的东西只是能量的一种形式，唯一的光是振动的波在头脑中产生的一种感觉。因此，我们显然不能依靠感官来了解事物的实质，如果这样做的话，我们就会认为是太阳在运动而非地球在运动，世界是平的而不是圆的，星星是闪烁的光点而不是庞大的星体。

04

当你意识到任何形式的疾病、痛苦、匮乏和牵制都只是错误思维的结果时,你就会领悟到"赋予你自由的真理"。挡在你眼前的高山将会被移除。如果这些高山仅仅是由怀疑、恐惧、猜忌或其他形式的沮丧情绪所堆积的,你要知道它们不过是虚幻的,不只要被移除,还要被"扔进海里"。

05

消除障碍的方法就是走入沉静,领悟真理。因为,所有的精神都是相与为一的,所以通过这个方法,你既可以为自己避恶除难,也可以为他人排忧解难。如果你已经学会了如何构建你想要的精神图景,这会是最简单、最直接的达成结果的方法;如果你还没学会,则可以通过论证,说服自己所言非虚。

06

请记住,这是最难领会,也是最美妙的论断之一:不管遇到什么困难,不管困难来自何方,不管谁会受到影响,你唯一需要应对的敌人是你自己,你需要做的只是说服你自己相信,你所渴望的必会实现。

07

　　我们无法从外在世界领悟真理，外在世界只是相对的，而真理是绝对的。因此，我们必须从内在世界寻找真理。若想训练我们的头脑只看到真理，只要让它反映出真实的环境就足够了。我们能否做到这一点，将表明我们是否正在取得进步。

08

　　真理不是通过逻辑训练、实验或观察产生的，它是客观事物及其规律在人的意识中的正确反映。你的生活和你的行为以及你对世界的影响，都取决于你对真理的认识程度，因为真理不是体现在信条中，而是体现在行为中。

世界上最神奇的24堂课

作者 _ [美]查尔斯·哈尼尔   译者 _ 李依臻

产品经理 _ 黄迪音   装帧设计 _ 廖淑芳   产品总监 _ 李佳婕
技术编辑 _ 顾逸飞   责任印制 _ 梁拥军   出品人 _ 许文婷

果麦
www.guomai.cn

以 微 小 的 力 量 推 动 文 明

图书在版编目（CIP）数据

世界上最神奇的24堂课 /（美）查尔斯·哈尼尔著；李依臻译. -- 西安：太白文艺出版社，2024.9（2025.1重印）.
ISBN 978-7-5513-2805-0

Ⅰ．B848.4-49
中国国家版本馆CIP数据核字第2024BR7750号

世界上最神奇的24堂课
SHIJIE SHANG ZUI SHENQI DE 24 TANG KE

著　　者	[美] 查尔斯·哈尼尔
译　　者	李依臻
责任编辑	强紫芳　熊　菁
装帧设计	廖淑芳
出版发行	太白文艺出版社
经　　销	新华书店
印　　刷	河北鹏润印刷有限公司
开　　本	787mm×1092mm　1/32
字　　数	61千字
印　　张	6.25
版　　次	2024年9月第1版
印　　次	2025年1月第3次印刷
印　　数	11,001-16,000
书　　号	ISBN 978-7-5513-2805-0
定　　价	35.00元

版权所有　翻印必究
如有印装质量问题，可寄出版社印制部调换
联系电话：029-81206800
出版社地址：西安市曲江新区登高路1388号（邮编：710061）
营销中心电话：029-87277748　029-87217872